目　次

前　言

DL/T 1397《电力直流电源系统用测试设备通用技术条件》包括以下 7 个部分：

——第 1 部分：蓄电池电压巡检仪；

——第 2 部分：蓄电池容量放电测试仪；

——第 3 部分：充电装置特性测试系统；

——第 4 部分：直流断路器动作特性测试系统；

——第 5 部分：蓄电池内阻测试仪；

——第 6 部分：便携式接地巡测仪；

——第 7 部分：蓄电池单体活化仪。

根据电力直流电源系统用测试设备的发展和使用情况，本标准的结构可能做进一步扩展。

本部分为 DL/T 1397《电力直流电源系统用测试设备通用技术条件》的第 7 部分。

本部分由中国电力企业联合会提出。

本部分由电力行业高压开关设备及直流电源标准化技术委员会归口。

本部分负责起草单位：国网四川省电力公司电力科学研究院、中国电力科学研究院。

本部分参加起草单位：深圳奥特迅电力设备股份有限公司、浙江科畅电子有限公司、河北创科电子科技有限公司。

本部分主要起草人：李晶、宋杲、唐平、丁丹一、赵梦欣、陈书欣。

本部分参加起草人：肖勇、赵宝良、肖伟、郭凤泽、马建辉、唐广瑜、罗锦、慈学敏、王振丰。

本部分在执行过程中的意见或建议反馈至中国电力企业联合会标准化管理中心（北京市白广路二条一号，100761）。

电力直流电源系统用测试设备通用技术条件
第 7 部分：蓄电池单体活化仪

1 范围

DL/T 1397 的本部分规定了蓄电池单体活化仪的基本技术要求和安全要求，以及检验方法、检验规则、标志、包装、运输、贮存等要求。

本部分适用于变电站、换流站、发电厂及其他电力工程中，为直流电源设备配备的蓄电池进行早期衰退诊疗的活化仪（简称产品）的设计、制造、检验和使用。

2 规范性引用文件

下列文件对于本文件的应用是必不可少的。凡是注日期的引用文件，仅注日期的版本适用于本文件。凡是不注日期的引用文件，其最新版本（包括所有的修改单）适用于本文件。

GB/T 191 包装储运图示标志

GB/T 2423.1—2008 电工电子产品环境试验 第 2 部分：试验方法 试验 A：低温

GB/T 2423.2—2008 电工电子产品环境试验 第 2 部分：试验方法 试验 B：高温

GB/T 2423.4—2008 电工电子产品环境试验 第 2 部分：试验方法 试验 Db 交变湿热（12h+12h 循环）

GB/T 2423.10—2008 电工电子产品环境试验 第 2 部分：试验方法 试验 Fc：振动（正弦）

GB/T 2900.1 电工术语 基本术语

GB/T 2900.41 电工术语 原电池和蓄电池

GB/T 2900.77 电工术语 电工电子测量和仪器仪表 第 1 部分：测量的通用术语

GB/T 2900.79 电工术语 电工测量和仪器仪表 第 3 部分：电测量仪器仪表的类型

GB 4208—2008 外壳防护等级（IP 代码）

GB/T 4365 电工术语 电磁兼容

GB 4793.1 测量、控制和实验室用电气设备的安全要求 第 1 部分：通用要求

GB/T 4798.2 电工电子产品应用环境条件 第 2 部分：运输

GB/T 17626.2—2006 电磁兼容 试验和测量技术 静电放电抗扰度试验

GB/T 17626.4—2008 电磁兼容 试验和测量技术 电快速瞬变脉冲群抗扰度试验

GB/T 17626.5—2008 电磁兼容 试验和测量技术 浪涌（冲击）抗扰度试验

GB/T 17626.8—2006 电磁兼容 试验和测量技术 工频磁场抗扰度试验

GB/T 19826—2014 电力工程直流电源设备通用技术条件及安全要求

GB/T 20626.1—2006 特殊环境条件 高原电工电子产品 第 1 部分：通用技术要求

GB/T 20626.2—2006 特殊环境条件 高原电工电子产品 第 2 部分：选型和检验规范

DL/T 459—2000 电力系统直流电源柜订货技术条件

DL/T 980 数字多用表检定规程

JJG 238—1995 数字式时间间隔测量仪

JJG 445—1986 直流标准电压源检定规程

JJG 598—1989 直流数字电流表试行检定规程

YD/T 2064—2009 通信用铅酸蓄电池 正向尖脉式去硫化设备技术条件

3 术语和定义

GB/T 2900.1、GB/T 2900.41、GB/T 2900.77、GB/T 2900.79、GB/T 4365 界定的以及下列术语和定义适用于本标准。

3.1

蓄电池单体活化仪 battery monomer activation instrument

用于对落后电池以在线或离线方式进行蓄电池单体活化的维护与测试设备。

3.2

落后电池 draggling battery

蓄电池组中容量明显低于其他大部分蓄电池的个别蓄电池。

3.3

蓄电池单体 cell/unit

电池组中的单个蓄电池。一个或多个基本电池功能单元构成的最小商品单位。

3.4

活化 activation

依照蓄电池规格设定的充、放电条件，对落后电池完成多个充、放电循环，使其恢复容量的过程。

3.5

蓄电池温度 battery temperature

电解液平均温度值。在核对性放电试验用于容量–温度换算时，取放电开始的蓄电池附近环境温度。

3.6

稳流特性 stabilized current characteristic

蓄电池放电设备或装置在蓄电池端电压变化过程中，保持放电电流恒定的性能。

3.7

稳压特性 stabilized voltage characteristic

蓄电池充电设备或装置在蓄电池充电电流变化过程中，保持充电电压恒定的性能。

3.8

恒流放电 constant current discharge

蓄电池以规定的恒定电流值向外电路输出所产生的电能的过程。

3.9

充电曲线 charging (voltage) curve

蓄电池按一定充电条件在充电过程中，获得的蓄电池电压–时间变化曲线。

3.10

核对性放电曲线 capacity check discharge curve

蓄电池恒流放电过程中，获得的蓄电池电压–时间变化曲线。

4 产品分类和额定值

4.1 产品分类

4.1.1 按负载类型分为两类：电阻式和电子式。

注：可以是上述类型的组合。

4.1.2 按电阻类型分为两类：陶瓷 PTC 和合金电阻。

注：PTC（Positive Temperature Coefficient），指正温度系数热敏电阻。

4.1.3 按充电方式分为三类：恒压限流、恒流限压和变幅脉冲。

注：允许上述方式的组合。

4.2 额定值

4.2.1 直流输出额定电压：5、15V。

4.2.2 放电负载额定电流可优先采用下列数值：

5、10、20、30、40、50、60、80、100、160、200、250、315、400A。

5 基本技术要求

5.1 使用条件要求

5.1.1 正常使用的环境条件

5.1.1.1 环境温度不高于+45℃，不低于−10℃。

5.1.1.2 日平均相对湿度不大于 95%，月平均相对湿度不大于 90%，表面无凝露。

5.1.1.3 大气压力范围为 80kPa～110kPa（海拔 2000m 及以下）。

5.1.1.4 安装使用地点通风良好，无强烈震动和冲击，无强电磁干扰。

5.1.1.5 使用地点无爆炸危险的介质，周围介质中不应含有腐蚀金属、破坏绝缘和表面涂覆层的介质及导电介质，不允许有严重的霉菌存在。

5.1.2 正常使用的电气条件

5.1.2.1 工作电源应符合下列规定：

a） 交流电压：220V（1±20%）；

b） 交流频率：50Hz（1±5%）；

c） 直流电压：180V～286V（220V 系统）或 90V～143V（110V 系统）。

5.1.2.2 产品应全部或分别适用于标称电压为 2、6、12V 的阀控式密封铅酸蓄电池，适用于 12V 兼容标称电压 6V 的蓄电池。

5.1.3 特殊使用的环境及电气条件

5.1.3.1 超出 5.1.1 和 5.1.2 规定的使用条件为特殊使用条件，应在满足本部分安全要求的前提下，由用户与制造厂协商确定。

5.1.3.2 大气压力为 80kPa 以下时，制造厂应根据 GB/T 20626.1—2006 的要求进行设计和生产。

5.2 结构要求

5.2.1 产品的外壳要求如下：

a） 平整光滑，外表面无突出异物；

b） 牢固可靠，具有一定机械强度；

c） 表面涂覆层色泽均匀，无起泡和龟裂。

5.2.2 面板上的元器件操作灵活无卡涩，用以说明功能的文字、符号、标志清晰耐久。

5.2.3 产品的连接线或测试线要求如下：

a） 按红、黑两色区分导线的极性，在线耳或线夹等处的极性符号应正确、清晰、不易磨损；

b） 导线的引入误差不影响测试的准确度；

c） 导线粗细均匀、表面无破损，不降低产品的绝缘强度。

5.2.4 产品的金属外壳或框架上应有接地端子以及明显的接地标志。配有可装卸的黄底细黑条专用接地线。接地连接处应有防锈、防粘漆措施，应保证产品上所有非带电金属部件可靠接地。

5.3 一般要求

5.3.1 在通风良好的室内使用。

5.3.2 产品不能适用于全部 2、6、12V 蓄电池标称电压时，应显著地标明其适用标称电压范围。

5.3.3 直流供电的工作电源应使用蓄电池组整组提供的直流电源。

5.3.4 额定容量连续工作时间不小于 18h。

5.3.5 应采用中文操作界面，显示屏应不小于 12.7cm（5in）。

5.3.6 产品的 A 计权噪声不大于 60dB。

5.3.7 产品的配套附件应在说明书中有清楚的安装使用方法。

5.4 技术参数要求

5.4.1 参数范围应满足下列要求：

a） 直流电压：0V～15V。

b） 直流电流：0A～300A。

c） 变幅脉冲：参见 YD/T 2064—2009 中 4.2 的要求。

d） 测试时间：0h～18h。

e） 温度：-10℃～80℃。

5.4.2 参数准确度应符合下列要求：

a） 直流电压：0.5%。

b） 直流电流：1%。

c） 时间：±1s。

d） 温度：±1℃。

5.4.3 产品处于（非变幅脉冲的）恒流充电或放电状态时，蓄电池端电压在 1.7V～2.35V（标称电压 2V）、5.1V～7.05V（标称电压 6V）、10.2V～14.1V（标称电压 12V）范围内变化，应能保持所设定放电电流的稳定度不低于 1%。

5.4.4 稳压特性应满足下列要求：

a） 充电电压稳定度。非变幅脉冲类的产品处于充电工作状态且输出直流电流在规定的范围内变化时，应能在充电期间保持所设定的充电电压稳定度不低于 0.5%。

b） 纹波系数。在 a）规定的运行条件下，产品输出电压的纹波系数不大于 0.5%。

5.5 功能要求

5.5.1 产品应具备下列活化功能：

a） 一次充、放电为一个循环，应能根据需要设置多个（如 1 个～3 个）循环周期，对电池进行连续活化或自动中断活化；

b） 应具备 10h 率的放电、充电、活化三种工作模式以供选择单独使用，充电程序（不含变幅脉冲的）应符合 DL/T 459—2000 中 5.17.1 和 6.4.18 的要求。

5.5.2 产品应具备下列显示与报警功能：

a） 当前日期和时间；

b） 蓄电池本次充（放）电时长；

c） 蓄电池本次充（放）电实际容量 C_{10}；

d） 充、放电循环次数与工作模式；

e） 蓄电池活化过程的实时电压、电流及充（放）电曲线；

f） 当蓄电池电压、电流异常时应能发出报警信号。

5.5.3 产品应具备下列保护与控制功能：

a） 产品应设置紧急停止按钮，并有防止误动措施。采用紧急停止后不应造成人员和设备的损害。

b） 蓄电池达到放电终止电压或放电时间时，自动停止放电，达到设定的时间间隔后自动开始充电；非变幅脉冲的产品应按 DL/T 459—2000 中 6.4.18 要求，依据其附录 A 中的图 A.1 所示的程序和判据对蓄电池进行充电控制。

c） 能在电池电压值、电流值等异常时，自动停止充电或放电。

d） 产品自身应具备过热保护能力。

e） 产品应具有防止回路短路与极性反接的措施。

5.5.4 产品应具备下列记录与分析功能：

a） 能实时自动记录蓄电池充、放电曲线，并作为历史数据自动保存。

b） 对蓄电池活化期间的异常报警、保护与控制动作等事件进行自动记录与保存。

c） 数据应以 Excel 格式存储，或能方便地转成 Excel 格式，并可通过 USB 接口拷贝数据，达到数据共享并方便地形成用户需要的报告格式。

d） 能根据放电开始时的蓄电池组环境温度，通过式（1）换算成 25℃基准温度时的实际放电容量 C_{10}。

$$C_{10}=C_t/[1+K_{10}(t-25)] \tag{1}$$

式中：

C_t ——蓄电池实测容量；

t ——放电时蓄电池温度；

K_{10} ——10h 率温度系数，取 0.006℃$^{-1}$。

e） 应能存储 20 只蓄电池及以上的测试数据，失电后数据不丢失并可通过 USB 接口传输和使用移动储存器件转存数据。

f） 应配置测试管理系统对测试数据和蓄电池状态进行监测、记录、显示等分析与管理。

5.5.5 产品应能通过密码设置实现权限管理。

5.6 平均无故障时间（MTBF）

正常运行环境下大于 50 000h。

6 安全要求

6.1 电气间隙和爬电距离

6.1.1 产品的电气间隙和爬电距离应符合表 1 的规定。

表 1 电气间隙和爬电距离

额定绝缘电压 U_i V	额定电流等级 I_N			
	I_N≤63A		I_N>63A	
	电气间隙 mm	爬电距离 mm	电气间隙 mm	爬电距离 mm
U_i≤60	3.0	5.0	3.0	5.0
60<U_i≤300	5.0	6.0	6.0	8.0
300<U_i≤600	8.0	12.0	10.0	12.0
注：具有不同额定值的主回路、控制回路和辅助回路导电部分之间的电气间隙和爬电距离按最高额定绝缘电压选取。				

6.1.2 不同极的裸露带电的导体之间，以及裸露的带电导体与未经绝缘的不带电导体之间的电气间隙应不小于 12mm，爬电距离应不小于 20mm。

6.1.3 海拔 2000m 以上高原地区使用产品的电气间隙应根据 GB/T 20626.1—2006 中表 2 规定的系数进行修正。

6.2 绝缘性能

6.2.1 试验部位

产品的下列部位应进行电气绝缘性能试验：

a） 非电连接的各带电电路之间；

b） 各独立带电电路与地（金属框架）之间。

6.2.2 绝缘电阻

用绝缘电阻测试仪器测量 6.2.1 所列部位的绝缘电阻。测试仪器的开路电压等级应符合表 2 的规定，绝缘电阻应不小于 10MΩ。

6.2.3 介质强度

用工频耐压试验装置，对 6.2.1 所列部位施加频率为 50Hz±5Hz 的工频电压 1min，或用直流耐压试验装置施加直流电压 1min。试验电压应符合表 2 的规定，试验过程中应无绝缘击穿和闪络现象。

6.2.4 冲击耐压

用冲击耐压试验装置，对 6.2.1 所列部位施加正负极性各 3 次的冲击电压，每次间歇时间不小于 5s。试验电压应符合表 2 的规定，电压波形为 1.2μs/50μs 的标准雷电波，输出阻抗为 500Ω，试验过程中应无击穿放电现象。

表 2 绝缘电阻及绝缘试验的试验电压等级

额定绝缘电压 U_i V	绝缘电阻测试仪器的电压等级 V	介质强度试验电压 kV	冲击耐压试验电压 kV
U_i≤63	250	0.5（0.7）	1
63＜U_i≤250	500	2.0（2.8）	5.0
250＜U_i≤500	1000	2.0（2.8）	5.0
注 1：括号内数据为直流介质强度试验值。 注 2：出厂试验时，介质强度试验允许试验电压高于本表中规定值的 10%，试验时间为 1s。			

6.2.5 高海拔修正

海拔 2000m 以上高原地区使用产品的试验电压等级应根据 GB/T 20626.1—2006 中表 3 规定的系数进行修正。

6.3 防护等级

产品外壳的防护等级应不低于 GB 4208—2008 中 IP21B 的规定。

6.4 防触电措施

产品上所有裸露的非带电金属部件与接地端子之间的电阻应不大于 0.1Ω。

6.5 温升

6.5.1 产品在额定负载条件下连续工作，各发热元器件的温升不得超过表 3 的规定。

表 3 产品各发热元器件的极限温升

发热元器件		温升 K
高频变压器外表面		80
电子功率器件外壳		70
电子功率器件衬板		70
电阻发热元件		25[a]
与半导体器件的连接处		55
与半导体器件连接的塑料绝缘线		25
母线连接处	铜–铜 铜搪锡–铜搪锡	50 60
操作手柄	金属材料 绝缘材料	15[b] 25[b]

表 3（续）

发热元器件		温升 K
可接触的外壳和覆板	金属材料 绝缘材料	30[c] 40[c]
[a] 应在外表上方 30mm 处测量。 [b] 装在产品内部的操作手柄，允许其温升比本表中数据高 10K。 [c] 除另有规定外，对可以接触，但正常工作时不需触及的外壳和覆板，允许其温升比本表中数据高 10K。		

6.5.2 发热元器件不应影响周围元器件正常工作，不应造成自身及周围元器件损坏。

6.5.3 海拔 2000m 以上高原地区使用的产品应根据 GB/T 20626.2—2006 中 5.2.1 的规定，由用户与制造厂协商确定。

6.6 电磁兼容

6.6.1 电磁兼容的检验结果及合格判定

6.6.1.1 检验结果

抗扰度试验过程中可能出现以下四种结果：

a） 在制造商、委托方或采购方规定的限值内性能正常；

b） 功能或性能暂时丧失或降低，但在骚扰停止后能自行恢复，不需要操作者干预；

c） 功能或性能暂时丧失或降低，但需操作者干预才能恢复；

d） 因硬件或软件损坏，或数据丢失而造成不能恢复的功能丧失或性能降低。

6.6.1.2 合格判定

对检验结果采取以下方式判定：

a） 在试验中出现 6.6.1.1 中 a）或 b）的结果，判定为合格；

b） 在试验中出现 6.6.1.1 中 c）或 d）的结果，判定为不合格。

6.6.2 静电放电抗扰度

产品应能承受 GB/T 17626.2—2006 中第 5 章规定的试验等级为 3 级的静电放电抗扰度试验。

6.6.3 电快速瞬变脉冲群抗扰度

产品应能承受 GB/T 17626.4—2008 中第 5 章规定的试验等级为 3 级的电快速瞬变脉冲群振荡波抗扰度试验。

6.6.4 浪涌（冲击）抗扰度

产品应能承受 GB/T 17626.5—2008 中第 5 章规定的试验等级为 4 级的浪涌（冲击） 抗扰度试验。

6.6.5 工频磁场抗扰度

产品应能承受 GB/T 17626.8—2006 中第 5 章规定的试验等级为 4 级的工频磁场抗扰度试验。

6.7 环境适应能力

6.7.1 低温工作

产品应能承受 GB/T 2423.1—2008 中试验 Ad 规定的，以本部分 5.1.1.1 规定的产品运行环境温度下限作为试验温度，持续时间为 2h 的低温试验。在试验期间，产品应能正常工作。

6.7.2 高温工作

产品应能承受 GB/T 2423.2—2008 中试验 Bd 规定的，以本部分 5.1.1.1 规定的产品运行环境温度上限作为试验温度，持续时间为 2h 的高温试验。在试验期间，产品应能正常工作。

6.7.3 低温储运

产品应能承受 GB/T 2423.1—2008 中试验 Ab 规定的，以−50℃为试验温度，持续时间为 16h，恢复时间为 2h 的低温试验。在试验结束后，产品应能正常工作。

6.7.4　高温储运

产品应能承受 GB/T 2423.2—2008 中试验 Bb 规定的，以+70℃为试验温度，持续时间为 16h，恢复时间为 2h 的高温试验。在试验结束后，产品应能正常工作。

6.7.5　交变湿热

产品应能承受 GB/T 2423.4—2008 中第 5 章规定的，以+40℃为高温温度，循环次数为 2 的交变湿热试验。在试验结束前 2h，产品绝缘性能合格，在试验结束后，产品应能正常工作。

6.7.6　振动（正弦）

6.7.6.1　振动响应检查

产品应能承受 GB/T 2423.10—2008 中第 5 章规定的，在 10Hz～150Hz 范围内，在每个轴向上，位移幅值为 3.5mm 或加速度幅值为 $10m/s^2$ 的振动响应检查试验。

6.7.6.2　耐久试验

6.7.6.2.1　概述

在振动响应检查中，如果在 10Hz～150Hz 的频率范围内出现机械共振或其他作用的响应，应进行定频耐久试验，否则进行扫频耐久试验。

6.7.6.2.2　扫频耐久试验

产品应能承受 GB/T 2423.10—2008 中第 5 章规定的，在每个轴向上进行 20 次的本部分 6.7.6.1 规定的扫频循环。

6.7.6.2.3　定频耐久试验

产品应能承受 GB/T 2423.10—2008 中第 5 章规定的，在振动响应检查中在每一轴向上找到的每个危险频率上，进行持续时间为 10min 的振动耐久试验。

6.7.6.3　合格判定

在耐久试验试验结束后，产品外观不应发生明显变化，通电后应能正常工作。

6.7.7　检验合格判据的说明

6.7.7.1　正常工作是指显示、通信及各项报警功能正常，不允许有功能丧失。

6.7.7.2　外观不发生明显变化是指零件不发生脱落，外壳不出现明显变形，防护等级仍符合 6.3 的规定。

6.7.7.3　绝缘性能合格为以下含义：

a）在 6.2.1 规定的部位用表 2 规定试验电压等级的绝缘电阻表测量绝缘电阻，绝缘电阻不应小于 1MΩ；

b）用工频或直流耐压试验装置，对 6.2.1 规定的部位施加表 2 规定值的 75%的试验电压 1min，试验结果应满足 6.2.3 的规定。

7　检验方法

7.1　总则

7.1.1　检测应在规定的正常的试验环境下进行，产品应处于干燥和无自热状态。

7.1.2　绝缘试验的大气条件不应超过下列范围：

a）环境温度：+15℃～+35℃；

b）相对湿度：45%～75%；

c）大气压力：86kPa～106kPa。

7.1.3　所有试验应在完整的产品上进行。

7.2　一般检查

7.2.1　外观检查

对产品整体进行目测观察，均应达到 5.2 要求。

7.2.2　接地端子

接地端子应符合 5.2.4 的规定。

7.2.3　防触电性能

用电桥、接地电阻测试仪或数字式低电阻测试仪检查，应符合 6.4 的规定。

7.3　参数检测

7.3.1　电压测量准确度

产品的电压测量准确度，应符合 5.4.2 的要求。

按 DL/T 980 的规定进行示值误差的检测，检测方法为直流电压标准源法（接线见图 1）和直接比较法（接线见图 2）。检测电压应从实际连接蓄电池极柱的电压采样线端输入。

采用不低于 0.02 级的直流电压标准源或可调稳压源输出标准电压（或标准表显示读数）U_n（即实际值），产品的显示读数为 U_x，由式（2）计算得到相对误差值。

$$\gamma = \frac{U_x - U_n}{U_n} \times 100\% \tag{2}$$

式中：

γ ——电压测量准确度；

U_n ——标准电压；

U_x ——产品显示读数。

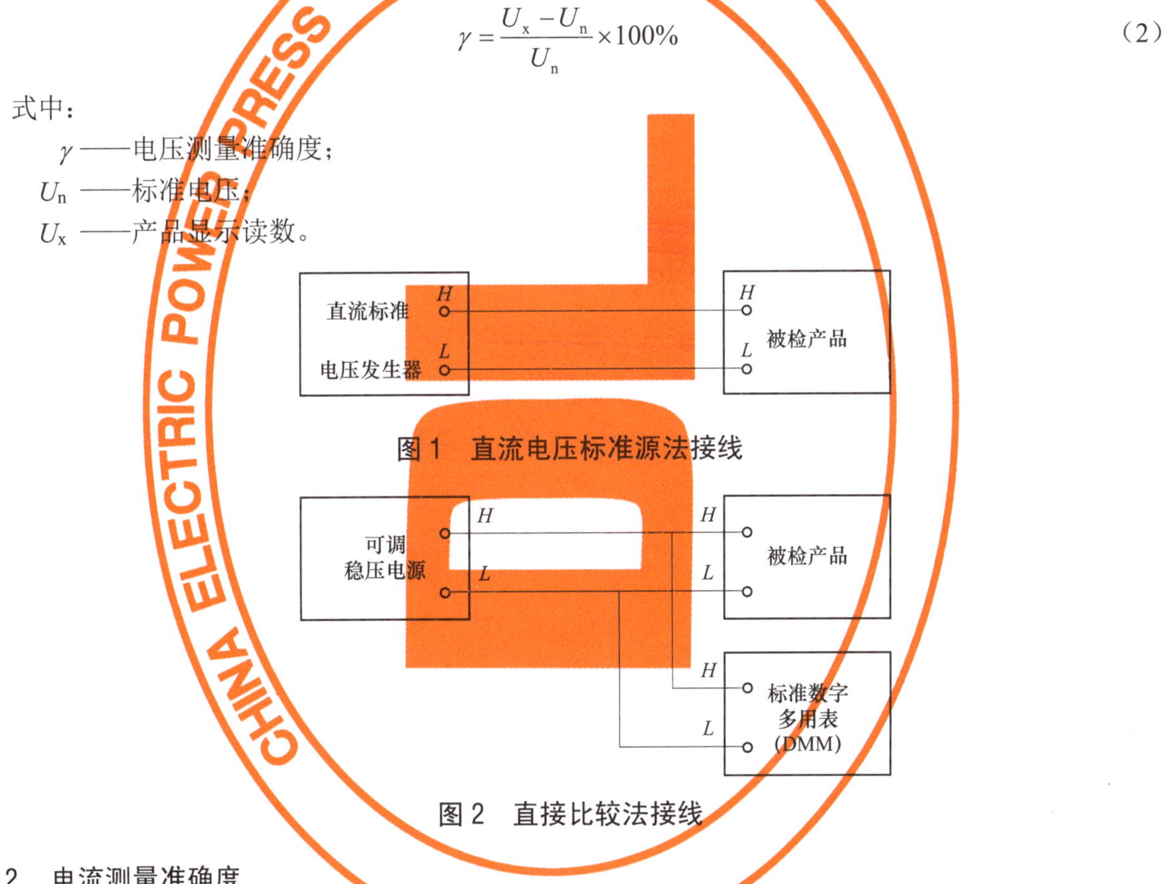

图 1　直流电压标准源法接线

图 2　直接比较法接线

7.3.2　电流测量准确度

产品的电流测量准确度，应符合 5.4.2 的要求。

按 DL/T 980 和 JJG 598 的规定进行示值误差的检测，检测方法为直接比较法和标准数字电压表法。

直接比较法是用一台不低于 0.2 级的直流标准数字电流表（或具有电流功能的标准 DMM）与产品串联后接到直流电源的输出端（接线如图 3 所示）。标准数字电流表的显示值（实际值）为 I_n，产品的显示为 I_x，由式（3）计算得到相对误差值。

$$\gamma = \frac{I_x - I_n}{I_n} \times 100\% \tag{3}$$

式中：

γ ——电流测量准确度；

I_n ——标准电流；

I_x ——产品显示读数。

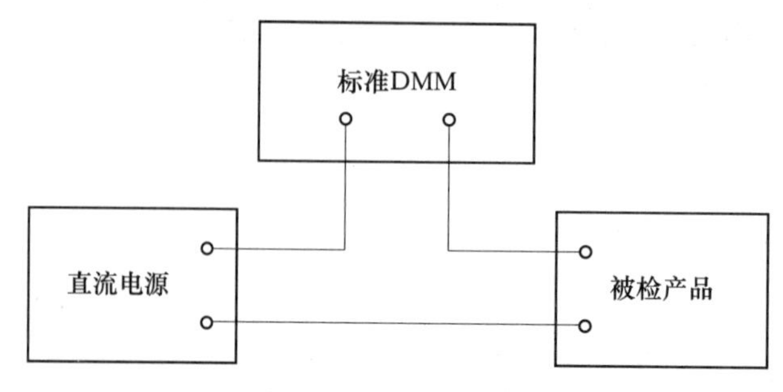

图 3　直接比较法接线

标准数字电压表法是采用不低于 0.02 级的标准数字电压表，额定电流 I_N 与二次额定电压 U_N 为 0.2 级的分流器，测得分流器二次电压实际值为 U_x，产品的显示读数为 I_x，由式（4）计算得到相对误差值。

$$\gamma = \frac{I_x U_N - I_N U_x}{I_N U_x} \times 100\% \tag{4}$$

式中：

γ ——电流测量准确度；

I_N ——分流器额定电流值；

U_N ——分流器二次电压额定值；

U_x ——分流器二次电压测量值；

I_x ——产品显示读数。

分流器的取值应既保证回路电流尽量小于额定电流，又使标准数字电压表的读数尽量接近其满量程值。

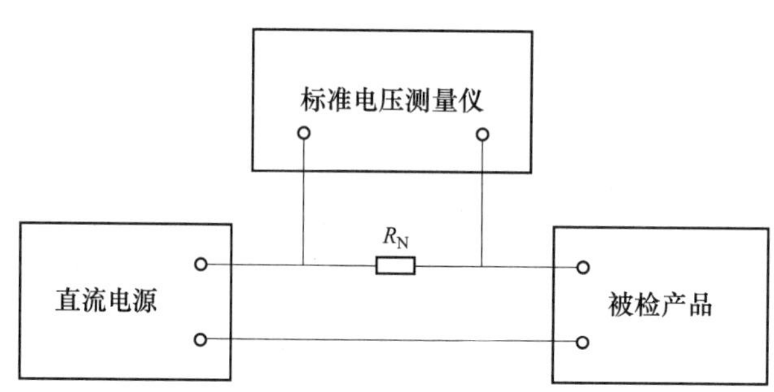

图 4　标准数字电压表法接线

7.3.3　时间测量准确度

产品的时间测量准确度，应符合 5.4.2 的要求。

产品的时间测量准确度参照 JJG 238—1995 中附录 3“石英电子秒表的检定”进行时间测量准确度检测。

7.3.4　温度测量精度

采用与标准温度计直接比较法，在 5.4.1 要求的范围检测结果应符合 5.4.2 的要求。

7.3.5　稳流特性检测

7.3.5.1　充电电流稳定度

产品在（非变幅脉冲的）充电状态连接到测试用的可调节直流负载，调节直流负载使确定的充电电流 I 在规定输出电压范围内各个检测点时，其充电电流稳定度应符合 5.4.3 的要求。

从记录数据中找出最大值 I_{max} 和最小值 I_{min}，由式（5）计算出电流的稳定度 S。

$$S=\frac{I_{max}-I_{min}}{I}\times 100\% \quad (5)$$

式中：

I——被测点的输出电流值；

I_{max}——输出电流最大值；

I_{min}——输出电流最小值。

7.3.5.2 放电稳流特性

调节稳定度足够高的直流电源输出电压在单节蓄电池放电终止电压和均充电压的范围内变化，其12h内放电电流稳定度应符合5.4.3的要求。放电稳流特性按DL/T 980和JJG 598—1989的规定进行示值误差的检测，检测方法同7.3.2。

7.3.6 稳压特性检测

7.3.6.1 电压稳定度

非变幅脉冲的产品充电及活化循环工作在恒压充电状态下，调节直流负载为空载、半载和满载三种情况下，输入电压在规定允许的范围内变化，其12h内充电电压稳定度应符合5.4.4 a）的要求。

从记录数据中找出最大值 U_{max} 和最小值 U_{min}，由式（6）计算出电压的稳定度 S。

$$S=\frac{U_{max}-U_{min}}{U}\times 100\% \quad (6)$$

式中：

U ——被测点的输出电压值；

U_{max} ——规定时间间隔内输出电压最大值；

U_{min} ——规定时间间隔内输出电压最小值。

具体测试参照JJG 445—1986中第四章18“短期稳定度的测试”方法进行。

7.3.6.2 纹波系数

非变幅脉冲的产品充电及活化循环工作在恒压充电状态下，输入电压在规定允许的范围内变化，输出电压在调节范围内任一数值上，根据DL/T 459—2000中3.9的规定，由式（7）计算出的纹波系数应符合5.4.4 b）的要求。

$$\delta=\frac{U_{f}-U_{g}}{2U_{av}}\times 100\% \quad (7)$$

式中：

δ ——纹波系数；

U_{av}——直流电压平均值；

U_{f} ——直流电压脉动峰值；

U_{g} ——直流电压脉动谷值。

具体测试方法参照GB/T 19826—2014中6.3.4进行。

7.3.7 噪声测量

产品按实际测试连接至试验用蓄电池或替代品，使其分别在充电或放电模式，且工作在额定参数状态下稳定运行。当测试环境背景噪声不大于40dB时，距（被检）产品前、后、左、右水平位置1m处，在产品1/2高度测得A计权噪声，应符合5.3.6的要求。

7.3.8 温升测量

产品按实际测试连接至蓄电池，使被测产品工作在满容量参数状态下稳定运行18h。各部件或器件温升趋于稳定且测试环境温度不大于40℃时，测得产品各部件或器件的温升均不超过表3的规定。

7.4　绝缘性能

7.4.1　绝缘电阻测量

在 6.2.1 规定的部位用表 2 规定试验电压等级的绝缘电阻表，测量绝缘电阻，测量结果应满足 6.2.2 的规定。

7.4.2　介质强度试验

用工频或直流耐压试验装置，对 6.2.1 规定的部位施加表 2 规定的试验电压 1min，试验结果应满足 6.2.3 的规定。

7.4.3　冲击耐压试验

将冲击电压施加在 6.2.1 规定的部位，其他电路和外露的导电部分连在一起接地。按表 2 规定的试验电压，施加 3 次正极性和 3 次负极性雷电冲击电压，每次间歇时间不小于 5s，试验结果应满足 6.2.4 的规定。

7.5　功能检测

7.5.1　活化功能验证

将产品与蓄电池相连，按 5.5.1 的要求进行活化功能验证。

7.5.2　显示与报警功能

产品连接蓄电池正常工作及在进行保护、控制功能检测时，其显示与报警的功能应满足 5.5.2 的要求。

7.5.3　保护与控制功能

按下列方法进行保护与控制功能检测：

a）在产品按额定容量正常充电和放电过程中，按下紧急停止按钮，产品应立即停止工作，重新启动后能正常工作。

b）调整直流电压或充（放）电时间，确定产品的控制功能符合 5.5.3 b）的要求。

c）人为模拟蓄电池电压和电流异常，产品的保护功能应符合 5.5.3 c）的要求。

d）在正常运行状态下，提升过热保护用温度传感器，达到设定温度时，观察是否安全自动停机并发出声光报警。温度低于设定温度后，应恢复正常。

e）将产品与蓄电池之间的连接线极性反接，持续 5min 后恢复正常接线，产品应能正常工作；将连接线在产品端短路，产品的保护器件应能可靠动作，不能导致蓄电池长期放电；产品在正常充电状态下，在直流输出侧短路，产品应能可靠保护，短路故障恢复后，产品应能正常工作。

7.5.4　权限管理

通过改变产品设置的密码进行其权限管理验证。

7.5.5　通信接口

与上位机进行通信，在上位机上应能显示产品运行中的各种实时数据及状态信息。

7.6　防护等级验证

按 GB 4208—2008 中第 13、14 章的规定进行验证，应满足本部分 6.3 的要求。

7.7　电磁兼容试验

7.7.1　静电放电抗扰度试验

按 GB/T 17626.2—2006 中第 8 章规定的试验方法和本部分 6.6.2 规定的试验等级进行。试验结果应满足本部分 6.6.1 的规定。

7.7.2　电快速瞬变脉冲群抗扰度试验

按 GB/T 17626.4—2008 中第 8 章规定的试验方法和本部分 6.6.3 规定的试验等级进行。试验结果应满足本部分 6.6.1 的规定。

7.7.3　浪涌（冲击）抗扰度试验

按 GB/T 17626.5—2008 中第 8 章规定的试验方法和本部分 6.6.4 规定的试验等级进行。试验结果应满足本部分 6.6.1 的规定。

7.7.4 工频磁场抗扰度试验

按 GB/T 17626.8—2006 中第 8 章规定的试验方法和本部分 6.6.5 规定的试验等级进行。试验结果应满足本部分 6.6.1 的规定。

7.8 环境试验

7.8.1 低温工作试验

按 GB/T 2423.1—2008 中第 6 章规定的试验方法和本部分 6.7.1 规定的严酷等级进行试验。试验结果应满足本部分 6.7.1 的规定。

7.8.2 高温工作试验

按 GB/T 2423.2—2008 中第 6 章规定的试验方法和本部分 6.7.2 规定的严酷等级进行试验。试验结果应满足本部分 6.7.2 的规定。

7.8.3 低温储运试验

按 GB/T 2423.1—2008 中第 6 章规定的试验方法和本部分 6.7.3 规定的严酷等级进行试验。试验结果应满足本部分 6.7.3 的规定。

7.8.4 高温储运试验

按 GB/T 2423.2—2008 中第 6 章规定的试验方法和本部分 6.7.4 规定的严酷等级进行试验。试验结果应满足本部分 6.7.4 的规定。

7.8.5 交变湿热试验

按 GB/T 2423.4—2008 中规定的试验方法和本部分 6.7.5 规定的严酷等级进行试验。试验结果应满足本部分 6.7.5 的规定。

7.8.6 振动试验

按 GB/T 2423.10—2008 规定的试验方法和本部分 6.7.6 规定的严酷等级进行试验。试验结果应满足本部分 6.7.6 的规定。

8 检验规则

8.1 检验分类

8.1.1 产品检验分出厂检验和型式检验两类。

8.1.2 出厂检验和型式检验的检验项目见表 4。

表 4 出厂检验和型式检验的检验项目

序号	检测项目名称		检验类别		检验方法
			型式检验	出厂检验	
1	一般检查	外观检查	√	√	7.2.1
		接地端子	√	√	7.2.2
		防触电性能	√	√	7.2.3
2	参数检测	电压测量准确度	√	√	7.3.1
		电流测量准确度	√	√	7.3.2
		时间测量准确度	√	—	7.3.3
		温度测量精度	√	—	7.3.4
		稳流特性检测	√	√	7.3.5

表 4（续）

序号	检测项目名称		检验类别		检验方法
			型式检验	出厂检验	
2	参数检测	稳压特性检测	√	√	7.3.6
		噪声测量	√	—	7.3.7
		温升测量	√	—	7.3.8
3	绝缘性能	绝缘电阻测量	√	√	7.4.1
		介质强度试验	√	√	7.4.2
		冲击耐压试验	√	—	7.4.3
4	功能检测		√	√	7.5
5	防护等级验证		√	—	7.6
6	电磁兼容试验	静电放电抗扰度试验	√	—	7.7.1
		电快速瞬变脉冲群抗扰度试验	√	—	7.7.2
		浪涌（冲击）抗扰度试验	√	—	7.7.3
		工频磁场抗扰度试验	√	—	7.7.4
7	环境试验	低温工作试验	√	—	7.8.1
		高温工作试验	√	—	7.8.2
		低温储运试验	√	—	7.8.3
		高温储运试验	√	—	7.8.4
		交变湿热试验	√	—	7.8.5
		振动试验	√	—	7.8.6

8.2 出厂检验

8.2.1 每台产品均应进行出厂检验，经制造厂质检部门确认合格后方能出厂，并具有合格产品出厂证明书。

8.2.2 产品有一项性能指标不符合要求即为不合格，应返修复检。复检不合格，不能发给合格产品出厂证明书。

8.3 型式检验

8.3.1 型式检验规定

8.3.1.1 在下列情况下，必须进行型式检验：

a） 连续生产的产品，应每三年对出厂检验合格的产品进行一次型式检验；

b） 当改变设计、制造工艺或主要元器件，影响产品性能时，均应对首批投入生产的合格产品进行型式检验；

c） 新设计投产的产品（包括转厂生产的产品），应在生产定型鉴定前进行新产品的型式检验。

8.3.1.2 在出厂检验合格的一批产品中抽取一台，或选取少量样品进行型式检验。

8.3.1.3 在型式检验过程中出现的一般缺陷应进行记录，制造厂应提供相应的分析报告，作为生产定型鉴定时评判的依据。

8.3.1.4 产品型式检验不合格，产品应停产，直至查明并消除造成不合格的原因，再次进行型式检验合格后，方能恢复生产。

8.3.2 型式检验合格判据

8.3.2.1 如未发现存在主要缺陷的样品，则判定产品为合格。

8.3.2.2 主要缺陷是指性能或功能不符合本部分的要求，需更换重要元器件或对软件进行重大修改后才能消除，或一般情况下不可能修复的缺陷。其余的缺陷按一般缺陷统计。

8.3.2.3 存在一般缺陷后，允许进行以下修复：

a）对可调部位进行调整；

b）对软件中的参数进行修改；

c）对磨损的易损件进行更换。

8.3.2.4 修复后应进行复检，复检仍不合格，则认为存在主要缺陷。

8.3.2.5 复检合格后，选取加倍数量的样品进行同样修复，再次进行同一项目的检验。若仍有样品不合格，则认为存在主要缺陷。

8.3.2.6 一般缺陷数不应超过检验项目总数的 20%，否则认为存在主要缺陷。

8.3.2.7 产品如不满足安全要求中的任一条要求时，则认为存在主要缺陷。

9 标志、包装、运输和贮存

9.1 标志

9.1.1 产品外部的标志应明显、清晰、耐久，不应出现松动或卷角。

9.1.2 每套产品必须有铭牌，应安装在明显位置，铭牌上应包含以下内容：

a）制造厂名；

b）产品名称；

c）产品型号；

d）产品净重；

e）出厂编号；

f）生产日期。

9.1.3 产品的使用说明书应包含以下内容：

a）安全须知；

b）产品用途；

c）产品及配件的操作使用说明；

d）主要技术指标；

e）使用注意事项。

9.1.4 产品的合格证应包含以下内容：

a）产品合格标志或印章；

b）检验人员的代号或签章；

c）检验日期。

9.1.5 产品的装箱单应包含以下内容：

a）产品的名称、型号和数量；

b）产品使用说明书、技术手册、出厂检验报告、产品合格证等随机文件的名称和数量；

c）附件、选件、备件及维修工具的名称、型号、规格、数量；

d）装箱人员的代号或签章。

9.1.6 与安全有关的标志和文件应符合 GB 4793.1 的规定。

9.1.7 包装贮运图示标志应符合 GB/T 191 的规定。

9.2 包装

9.2.1 产品应采用铝合金或工程塑料做仪器包装箱（固定安装的装置除外），应有良好的防震、防潮性能，箱体坚固耐用。出厂时套塑料袋作为内包装，周围用防震材料垫实放于瓦楞纸箱。随箱有专用测试连接线等配件、出厂检测报告、合格证、装箱单、使用说明书，应装入防潮袋后放入包装箱内。

9.2.2　包装时应保证产品的完好性和成套性，装入物品应与装箱单相符。

9.3　运输

产品的运输和装卸应严格按照包装箱上标志的规定及 GB/T 4798.2 的有关规定进行，在运输过程中不应剧烈震动、冲击、挤压、暴晒、雨淋和倾倒放置。

9.4　贮存

产品在贮存期间，应放在空气流通、温度为–25℃～+55℃，月平均相对湿度不大于 90%，无腐蚀性和爆炸气体的仓库内，在贮存期间不应淋雨、暴晒、凝露和霜冻。
